生态
STEAM

家庭趣味
实验课

我们造的房子

[英]乔治亚·阿姆森－布拉德肖　著

罗英华　译

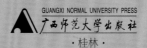

GUANGXI NORMAL UNIVERSITY PRESS
广西师范大学出版社
·桂林·

WOMEN ZAO DE FANGZI

出版统筹：汤文辉　　　　美术编辑：卜翠红
品牌总监：耿　磊　　　　版权联络：郭晓晨　张立飞
选题策划：耿　磊　　　　营销编辑：钟小文
责任编辑：戚　浩　　　　责任技编：王增元　郭　鹏
助理编辑：王丽杰

Picture acknowledgements:

La Gorda 3t and 4t, Michel Piccaya 4b, Matej Kastelic 5t, GrissJr 5b, Elenabsl 6t, Dmitry Trubitsyn 6c, Macrovector 7t, ALPA PROD 7b, alexandre zveiger 8t, kckate 16 8b, taleksander 9t, TY Lim 9b, Johnny Habell 10t, Pommy. Anyani 10b, ushi 11t, ZenStockers 11b, ideyweb 12t, Faber 14 12b, LaInspiratriz 13t, ProStockStudio 13b, YevO 14c, SVPanteon 14l, Macrovector 16c, chombosan 17t, sivVector 17c, trgrowth 18t, shooarts 18c, natali snailcat 19t, Drogatnev 19b, ZenStockers 20cl, beta757 20br, sergios 21t, Ivan smuk 24t, norph 24b and 3t, Monkey Business Images 25t, saiko3p 23b, Fouad A Saad 26bl, ShutterFlash 26cr, Fouad A Saad 27t, Patrick Foto 27c, Edilus 27b, Natalia N 28t, Alfmaler 28b, belander 29t, BigMouse 29c, Peter Hermes Furian 30b, pixsooz 32t, Jitinatt Jufask 32c, 24Novembers 32b, Robin Heal 33tl, Lina Truman 33tr, Darryl vest 33b, Artisticco 34c, Petrovic Igor 35t, Designua 35c, Sheila Fitzgerald 35b, Lina Truman 36t, Ilya Bolotov 36b, proStockStudio 37c, Sarunyu_foto 40t, kichigin 40c, Faber 14 40b, Ariel Celeste Photography 41t, Herrndorff 41b, ideyweb 42t, Faber 14 42ct, LaInspiratriz 42cb, ProStockStudio 42b, Baby Rhino 43b, Dainis Derics 44l, Radovan1 44cl, stocksolutions 44cr, yanin kongurai 44r, Alexander Ryabintsev 45, T.Dallas 46tr

Illustrations on pages 15, 23 and 31 by Steve Evans.

All design elements from Shutterstock.

Every effort has been made to clear copyright. Should there be any inadvertent omission, please apply to the publisher for rectification.

The website addresses (URLs) included in this book were valid at the time of going to press. However, it is possible that contents or addresses may have changed since the publication of this book. No responsibility for any such changes can be accepted by either the author or the publisher.

著作权合同登记号桂图登字：20-2019-181 号

图书在版编目（CIP）数据

我们造的房子 ／（英）乔治亚·阿姆森-布拉德肖著；
罗英华译. —桂林：广西师范大学出版社，2021.3
（生态 STEAM 家庭趣味实验课）
书名原文：The House We Build
ISBN 978-7-5598-3548-2

Ⅰ．①我… Ⅱ．①乔… ②罗… Ⅲ．①建筑－青少年
读物 Ⅳ．①TU-49

中国版本图书馆 CIP 数据核字（2021）第 006962 号

广西师范大学出版社出版发行

（广西桂林市五里店路 9 号　邮政编码：541004）
（网址：http://www.bbtpress.com）

出版人：黄轩庄
全国新华书店经销
北京博海升彩色印刷有限公司印刷
（北京市通州区中关村科技园通州园金桥科技产业基地环宇路 6 号　邮政编码：100076）
开本：889 mm × 1 120 mm　1/16
印张：3.5　　字数：81 千字
2021 年 3 月第 1 版　　2021 年 3 月第 1 次印刷
审图号：GS（2020）3675 号
定价：68.00 元

如发现印装质量问题，影响阅读，请与出版社发行部门联系调换。

contents
目录

建筑技术

纵观历史，世界各地使用的建筑材料和建筑技术大相径庭。这些建筑除了为人类提供最基本的庇护之外，几乎就再也没有别的相似点了。

开始的地方

可利用的技术是影响房屋建造的一个重要因素。人类最早使用的建筑材料是树枝，或者干脆在地下挖掘一个洞穴，作为自己的房屋。大约10 000 年前，人们居住在涂满泥浆的圆形木屋或者用兽皮做成的帐篷当中。这些都是完整的房间，人们所有的生活活动都在里面进行。

用砖头建造

当地的材料也会影响人们建造建筑的方式。大约在 7 000 年前，人们开始用坯建造房屋。坯是一种由泥土、水和稻草混合之后，用模具打造成某种形状，再在阳光下晒干而成的建筑材料。在沙漠当中，泥砖是一种非常有用的建筑材料，因为在那里，几乎没有可以用作木材的大树生长。直到今天，有些地方的人们还在建造泥砖结构的房屋。

关注点：

杰内大清真寺

世界上最大的泥砖建筑是地处西非马里的杰内大清真寺。这座清真寺始建于 13 世纪，在 1907 年时被重建。

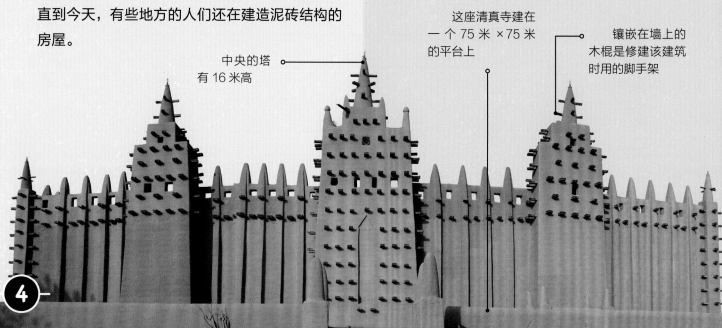

中央的塔有 16 米高

这座清真寺建在一个 75 米 ×75 米的平台上

镶嵌在墙上的木棍是修建该建筑时用的脚手架

石头和混凝土

　　开采和运输天然石材的能力使人们建造出了吉萨金字塔（见下图）这样的古代石头建筑物。这些金字塔大约建造于公元前 2550 年至公元前 2490 年，至今仍然屹立不倒。

　　罗马人大量使用了某种混凝土，这使他们拥有了建造坚固、结构复杂的建筑物的能力。所以他们建造出了圆顶建筑。罗马人凭借杰出的建筑能力，还建造出了古罗马公寓。这样的公寓能够容纳很多人，里面甚至还有自来水和卫生设施。

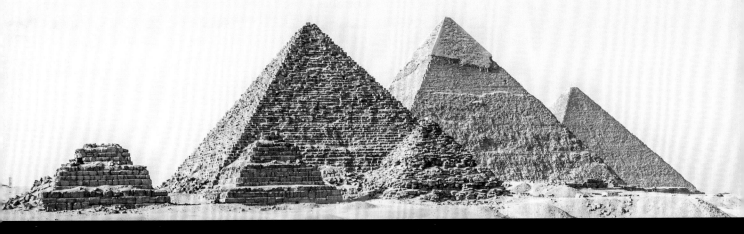

强度和重量

　　石头虽然很坚固，但是也非常沉重。在 19 世纪后期，人类通过利用一种既坚固又轻便的材料，发明了钢结构摩天大楼的建造技术。现代摩天大楼可以高得让人难以置信，能够让成千上万的人居住在一块面积很小的土地上。

世界上有很多高得让人难以置信的住宅楼，其中之一坐落在美国纽约公园大道 432 号。这栋建筑一共有 84 层。

文化与气候

　　当地的文化（人们的习俗和习惯）和天气条件决定了人们建造房屋的方式。例如，在非洲的摩洛哥，当地的传统民居叫作"里亚德"，是一种封闭式的院落。这种民居能让住在里面的人们免受非洲炎热阳光的炙烤，也反映出当地文化对家庭隐私的重视。

建造工程的影响

如果你知道世界上只有 3% 的土地被建筑物覆盖的话，你可能会感到很惊讶，因为这听起来确实不多。尽管只占据了很小的空间，但建造工程对世界各地的环境造成了很重大的影响。从建造时产生污染和建筑垃圾，再到为家庭供电时使用能源，各种建筑对全球环境造成的破坏与它们所占的面积是不成比例的。

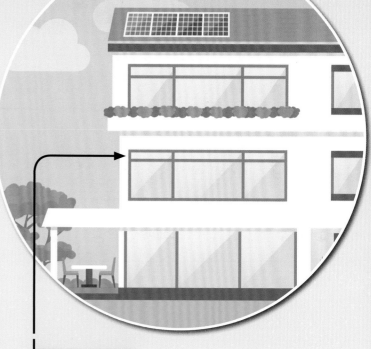

关注点：

可持续建设

可持续建设的意思是，采用不浪费自然资源和不破坏环境的方式建造房屋。

建筑垃圾

建造工程对环境产生严重破坏的一大原因就在于它会产生大量的垃圾。其中包括未经使用的建筑材料、在建造过程中产生的瓦砾和材料包装物等。在建筑施工过程中，有多达 10% ~ 15% 的材料会被浪费，这些材料往往会被直接送到垃圾填埋场，而不是被回收利用。

挖掘机正在把建筑工地上的碎石瓦砾堆积起来

100 000 000 吨

在英国，建筑业每年会产生 1 亿吨垃圾。

气候变化

建造一座房子需要耗费大量的能源。在这个过程中，我们需要生产和运输大量的建筑材料，需要清理建筑场地，需要将大量的重物搬运到合适的位置。当房屋建造完成之后，它还会继续消耗能源，因为建筑物需要照明、供暖和制冷。在全球范围内，人类使用的能源绝大多数来自化石燃料的燃烧，这导致大量的温室气体被释放到大气当中。这些气体将来自太阳的热量过多地积蓄在大气中，扰乱了世界各地的天气模式，造成了全球气候变化。

全世界建筑物排放的温室气体大约占全球温室气体总排放量的 20%。

建筑污染

尽管建造建筑物是非常必要的，但建筑业现在确实是一个污染非常严重的行业。重型机械，如挖掘机和现场发电机，再加上大型柴油发动机，造成了严重的空气污染。从建筑工地流出的水，也常常会被油、油漆、各种化学清洁剂和溶剂等物质污染。同时，几乎所有的重型机械都会产生噪声污染，这会让身处污染范围中的人感到焦虑和不安，也会吓跑周围的野生动物。

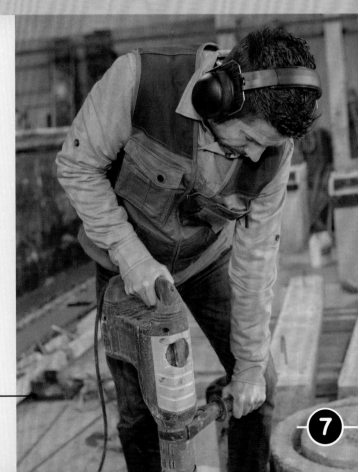

耳罩防护器能保护工人免受建筑机械产生的噪声的影响，但是保护不了周围的邻居和野生动物免受这种噪声的影响

问题：
混凝土带来的问题

混凝土是使用量第二大的建筑材料。

如果想要以可持续的方式建造房屋，那首先要考虑的就是建筑材料。房屋可以用不同的材料建造，如黏土（制成砖块）、木头、钢材、混凝土或者石头。有些材料对环境造成的影响和破坏会更严重，而混凝土就是一种会对环境产生严重破坏的材料。

优缺点

作为一种建筑材料，混凝土价格低、强度高，可以用模具制作成任何需要的形状。全世界的建筑业都在广泛使用这种材料。然而，混凝土的生产需要消耗大量的能源，会排放大量的温室气体。

制造水泥

混凝土由砾石、沙子、水和水泥混合而成。其中，水泥是由石灰石粉末和黏土搅拌在一起，再加热到 1 000 ℃制成的。它的生产会消耗大量的能源，同时，加热过程中发生的化学反应还会导致温室气体二氧化碳的排放。制造 1 吨水泥会排放出大约 1.2 吨二氧化碳气体。

后续处置

　　混凝土的后续处置方式也是不可持续的。被拆除的建筑物中的混凝土通常会被击碎，然后被送往垃圾填埋场。而可持续的方法是对拆除下来的混凝土进行回收利用，也就是将击碎的混凝土当作石块，再生产出新的混凝土。然而，这种可持续的方法却有可能需要付出更高的经济成本。

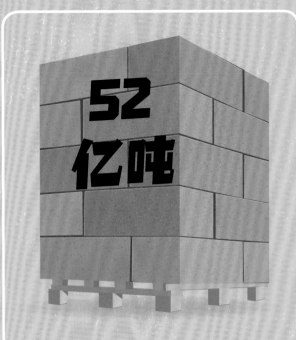

全球每年使用的混凝土数量高达52亿吨。

维护问题

　　采用把钢筋包裹在混凝土当中的方法，能使建筑物变得更加坚固。所以，只使用轻薄的钢筋混凝土就能得到坚固的建筑结构。可是，这种建筑方式随着时间的推移也会产生问题。湿气会沿着混凝土中的微小缝隙侵入其中，导致混凝土开裂，也会让包裹在里面的钢筋生锈（见右图）。而生锈造成的问题很难解决，所以只能重新建造建筑物，这样做需要的环境和经济成本都非常高。

可持续材料

很多其他的建筑材料都可以代替混凝土，被人类用来建造房屋。然而，同样的材料在不同的情况下，环保的程度也可能不同，这取决于材料运输的距离长短以及材料对当地气候的适应程度。

木材

木材是最常用且用途最广泛的环保材料之一。木材有很多优点。首先，它是可再生的——树木被砍伐之后，还可以继续种植新的树木。不断生长的树木能减少大气中的二氧化碳。所以，种植树木有助于保护环境。同时，旧建筑中的木材也能被回收再利用。

使用可持续材料建造超高层建筑是一件富有挑战性的事情。但加拿大和挪威已经成功建造出了 18 层高的木质建筑。

泥土

夯土也是一种建筑技术。将胶合板或金属制成的空心墙当作模具，然后往里面填充潮湿的泥土，再将泥土压实，使其变得坚固。等到潮湿的泥土完全干透成形，外侧的胶合板或金属板就能移走了。在干燥的气候下，用风干的泥土做成砖块建造房屋，也是一种低耗能的建筑方式。

稻草垛

虽然这种建筑材料可能会让人联想到《三只小猪》的故事，但稻草实际上是一种被人们广泛使用的建筑材料！覆盖着石膏的稻草垛是一种低耗能而且隔热效果特别好的建筑材料。（这方面的内容请阅读第 30 ~ 31 页）稻草是一种农业废弃物，和木材一样，它也是一种干燥的植物材料，在它生长的过程中还能减少大气中的二氧化碳含量。

英国巴斯的一项测试显示，这座用稻草垛搭建的房屋能够经受飓风级别的风力。

回收材料

许多建筑师和房屋建造者正在试验使用由废塑料或者废纸改造成的新材料建造房屋。塑料饮料瓶经过回收后装满沙子，可以被制作成砖块。回收的废纸可以被加工成木质材料。

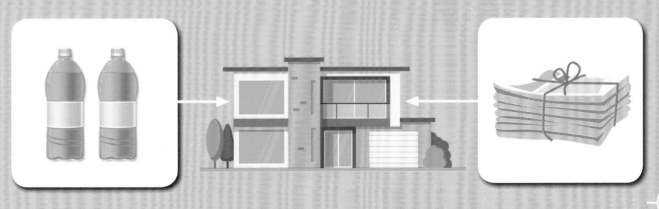

解决它！
设计生态房屋

好的设计会对一个项目的每一处细节都进行考量，并制定出最为合适的方案。在这个过程中，用户的需求和当地可采用的材料都应被纳入考量。看看下面列出的四个建筑地点，利用你现在掌握的可持续建筑材料的知识，为每个地点推荐一种适合它的材料吧！

地点一

这里是北欧的一座城市。你需要在一块很小的土地上为 12 个家庭提供住房。

地点二

这里是美国的乡村地区，需要建造一栋新的家庭房屋和一些新的农舍。

地点三

这里是伊朗的一个小镇，这个小镇地处中东地区。你需要在沙漠当中建造一座新的房屋。

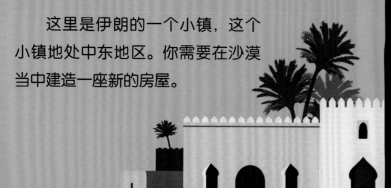

地点四

这里是中美洲哥斯达黎加一座沿海城市郊外的一块土地。有一位企业家想要为自己的生态旅游公司建造一栋独特的、环保的酒店。

 你能解决它吗？

仔细想想，在这些地点附近都有哪些可以使用的建筑材料，同时把每个项目特殊的需求考虑进去。在每个项目当中，究竟哪种材料才是最环保和最合适的选择呢？

还是不确定？翻到第42页看看答案吧。

试试看！制作泥砖

自己尝试着制作一种古老而又环保的建筑材料——晒干的泥砖！

你将会用到：

- 3 个模具，例如，放条状面包或者人造奶油的容器
- 防油纸
- 剪刀
- 泥土
- 水
- 1 个水桶
- 1 个大搅拌勺
- 稻草和秸秆

第 一 步

把防油纸铺在模具当中，这样在砖块干透之后，你便能够轻松地将它们从模具中取出来。

第 二 步

在水桶里，将适量的泥土和水混合在一起，然后将泥浆倒进第一个模具。记得要用力压实，防止出现气泡，最后把顶部刮平。

水

泥土

第 三 步

按照上面的步骤，再次混合泥浆，但是这次要往里面加一些稻草和秸秆。搅拌均匀之后，把混合物压进第二个模具。

第④步

制作最后一块砖的时候，在泥浆中多添加些稻草。然后把所有填装好的模具放在阳光充足的地方，如果放在窗台上，至少放置三天，让砖块变得干燥、坚硬。

第⑤步

几天之后，从模具中倒出被晒干的砖块。测试每一块砖的强度。首先，试试看用手掰砖块。如果掰不断的话，试着把砖块竖起来，然后用脚踩踩。砖块会被你踩碎吗？

更进一步

试着用不同地方的土壤制作砖块，探究砖头的强度怎样受到土壤中黏土和沙子比例的影响。你还能用什么方法改变砖块的强度呢？你还可以用冰块托盘当作模具来制作很多小型砖块，然后用它们搭建一个小型建筑！

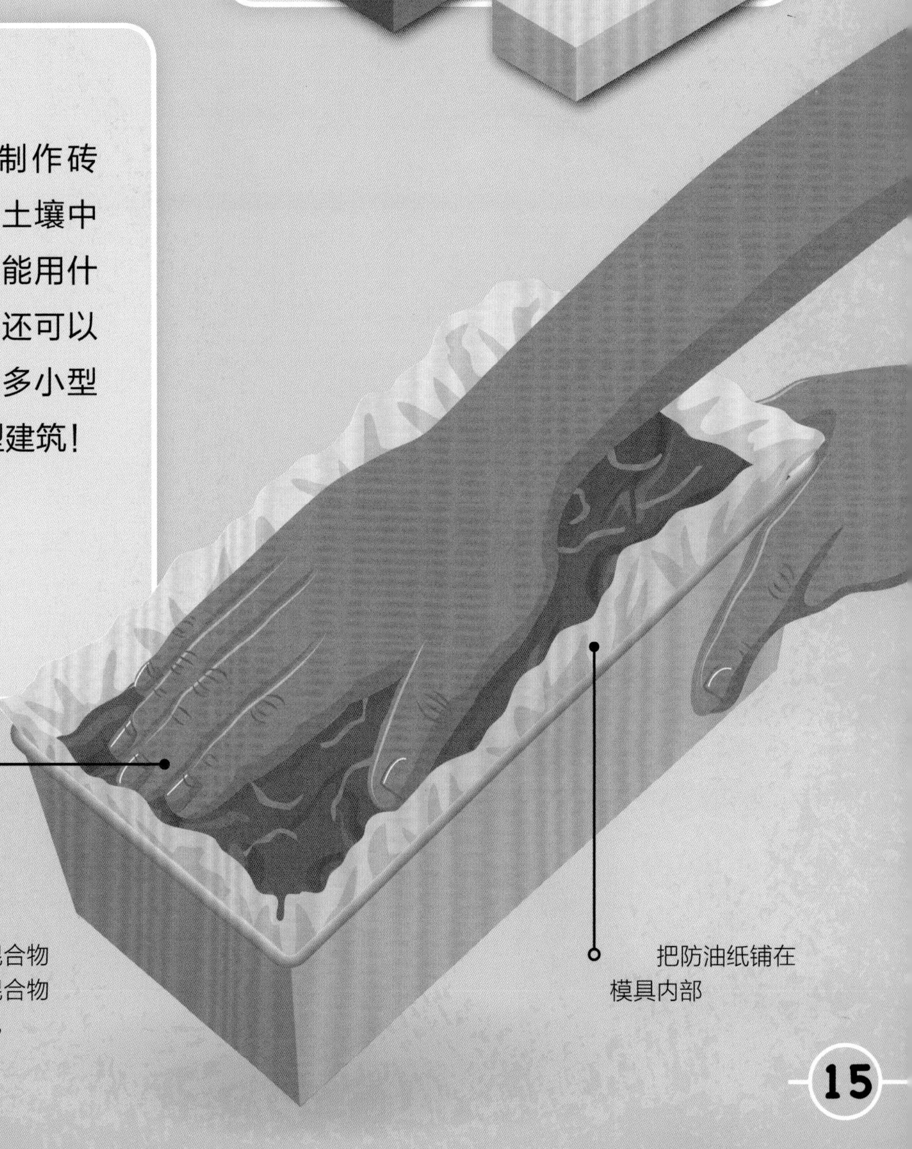

用力将混合物压实，确保混合物之间没有气泡

把防油纸铺在模具内部

问题：

高耗能房屋

瑞士著名的建筑师勒·柯布西耶（1887—1965）曾经说过："住房是居住的机器。"这话听起来有些奇怪，但是如果把房屋看作一个由天然气或者电力驱动的大型装置，这话就是有道理的。事实上，房屋的供暖、制冷，以及照明都需要消耗大量的能源。

建筑物消耗了全球大约 **40%** 的能量。

电力就是生命

我们的房屋当中有各种各样的设备和系统，这些设备和系统都会不断地消耗能源。我们使用的冰箱、电视、电脑、洗衣机和其他电器都需要电力才能驱动。照明系统也需要电力，供暖系统会使用电力、天然气或者石油（有关供暖的详细信息，请翻到第 24 ~ 29 页查阅）。目前世界上的绝大部分电能都不是由可再生能源发电产生的，所以，所有这些利用电能的活动都正在制造大量的温室气体。

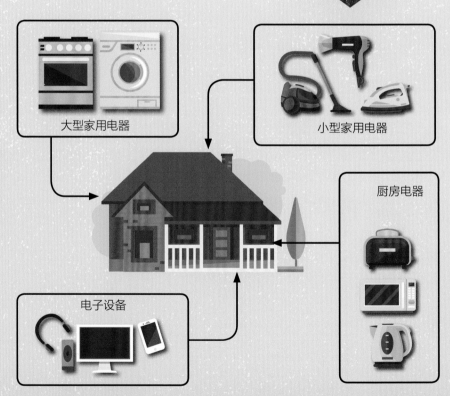

大型家用电器

小型家用电器

厨房电器

电子设备

把它关掉

有一些能源消耗是不可避免的。但是，我们可以减少那些不必要的能源消耗。两个行为的改变就能节省很多能源。第一是在离开房间的时候把灯关掉；第二是洗完衣服之后，让衣服自然晾干，而不是使用烘干机烘干。

智能家居

一种将传感器和计算机数据处理相结合的新技术可以让家庭十分高效地利用能源。传感器可以记录房屋内的温度、湿度，甚至是某个房间家居能源设备的使用频率。记录下的这些数据由计算机进行处理，然后自动控制通风、供暖，以及百叶窗等家居系统，以确保所有能源都正在合理地被消耗。

使用太阳能

也不一定非得使用高科技才能改变我们的家居能源使用情况。一种称为"被动太阳能"的建筑技术，利用朝向等因素，让建筑物最大限度地获得来自太阳的自然光能和热能。窗户和墙壁都可以被设计在容易获得光照的角度上，这样就能极大地减少建筑物所需的人工照明和供暖，从而达到节能的目的。

太阳每秒向地球发射出超过 17.3 万太瓦的能量，相当于全球耗能总量的 1 万多倍。在接下来的几页中，继续阅读太阳和太阳能的相关知识吧。

倾斜的地球

白天，太阳照射着我们居住的房屋，带来大量的光和热。但地球其实是倾斜的，这意味着在一年的时间当中，太阳照射带来的光能和热能会随太阳直射点的变化而变化。地球在太空中相对于太阳而产生的位置的变化，就是四季形成的原因。

季节是怎样形成的

地轴是一条假想出来的从北极贯穿到南极的线。地轴并不是完全垂直于太阳直射光的，而是有一个倾斜角度。因此，地球在绕太阳旋转时，在一年中的一些时候，北半球距离太阳更近，而另一些时候，南半球离太阳更近。

北半球春天的时候，南半球处于秋天　　　　　　　北半球冬天的时候，南半球处于夏天

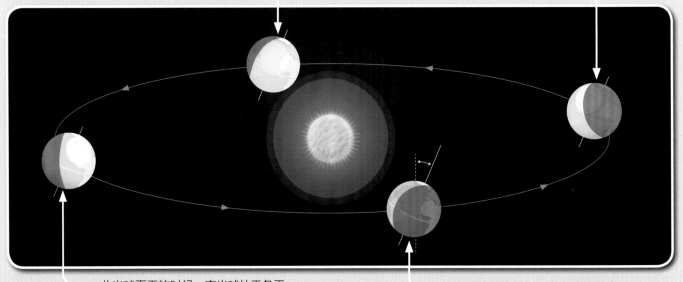

北半球夏天的时候，南半球处于冬天　　　　北半球秋天的时候，南半球处于春天

太阳直射点落在哪个半球，哪个半球就处于夏天。当太阳直射点远离这个半球的时候，它就处于冬天了。地球中间的赤道附近几乎全年都在太阳直射范围之内，所以不会像别的地区一样拥有四季分明的气候。

日照时间

　　倾斜的地轴也会影响太阳在天空中升起的高度。夏天，太阳在天空中的位置会更高。而在冬天，太阳的位置则会低一些。同时，由于冬天太阳在天空中的位置较低，所以，太阳从地平线上升起的时间会更晚，而下降的时间则会更早。这意味着，冬天的白昼会比夏天的短。

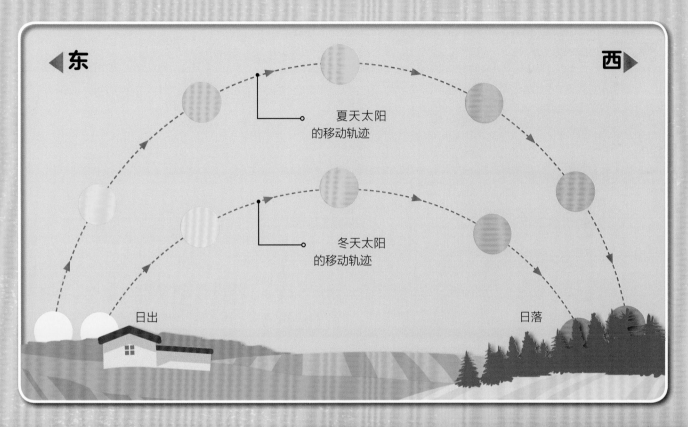

夏天太阳的移动轨迹

冬天太阳的移动轨迹

东　　　　　　　　　　　　　　　　　　　　　　西

日出　　　　　　　　　　　　　　　　　　　日落

太阳光线的角度

　　我们能感觉到夏天的阳光比冬天的阳光更强烈，这是因为夏天阳光的分散程度更低。观察一下手电筒照射出来的光束。如果让这束光垂直照射到地面上，你会看到一个非常明亮的圆圈。但如果你把手电筒按一定的角度倾斜一下，再让光束照射到地面上，你就会发现光束照射的区域扩大了，但是亮度也降低了。太阳的光线也是这样，冬天的时候，太阳照射到地球的区域更大了，所以阳光也就不那么炎热和明亮了。你可以把书翻到第22 ~ 23页，跟随引导，做个实验来更好地理解这个原理。

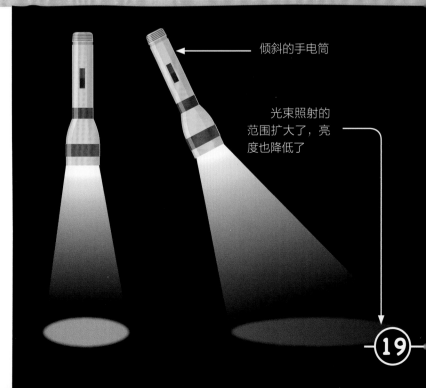

倾斜的手电筒

光束照射的
范围扩大了，亮
度也降低了

解决它！
使用太阳能

我们都渴望居住在冬暖夏凉、明亮的房屋当中。现在，我们可以利用电力满足这些需求。利用已经掌握的太阳运行的相关知识，我们就能让房屋在满足这些需求的同时变得更加节能。看看下面列出的这些事实，想一想，我们具体应该怎么做呢？

事实一

光和热都能穿过窗户。

事实二

在冬天，我们希望有尽可能多的光线和热量进入到房间当中，这样我们就能节省很多用于人工照明和供暖的能源了。

事实三

在夏天，强烈的太阳光照可能会让室内的气温过高。

事实四

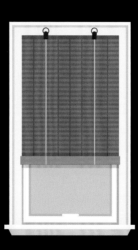

窗户内侧的窗帘能遮挡光线，但遮挡不了多少热量。

事实五

光线遭到阻挡之后会投射出阴影。

事实六

夏天的太阳和冬天的太阳照射角度是不同的。冬天，太阳在天空中的位置会更低一些。

事实七

如果你住在北半球，那阳光主要从南方来。但如果你住在南半球，阳光就主要从北方来。两者情况恰好相反。

 **你能解决它吗？**

如果不把你的想法画出来的话，这个问题可能很难解释明白。所以你可以用一张纸和一支笔，画一堵带窗户的墙的横截面，详细地展示你的想法。考虑一下你画的这个场景是在南半球还是北半球，然后再想想在一年中的不同时候，太阳分别在天空的什么位置，最后用直线表示光线，绘制出一份完整的设计图吧。

▶ 怎么样才能在不需要的时候挡住阳光，而在别的时候让阳光照进室内呢？

想不出来？翻到第43页看看答案吧。

试试看！
四季产生的原因

通过这个实验，进一步理解太阳光照的强度是如何在地球倾斜角的影响下，在不同季节发生变化的。

你将会用到：

- 1个纸箱或者1摞堆得很高的书
- 1个可以放进厕纸卷筒里的手电筒
- 1个厕纸卷筒
- 遮光胶带
- 1块剪贴板
- 2张图表纸
- 1支铅笔
- 1个量角器

你还可能用到：

- 测光仪、地球仪

第一步

把纸箱放在桌子或者地板上。然后，把厕纸卷筒放在箱子顶部，让卷筒的一端与箱子的边缘保持齐平。接着用胶布把厕纸卷筒固定住，以防它到处滚动。再把亮着的手电筒放进厕纸卷筒当中。

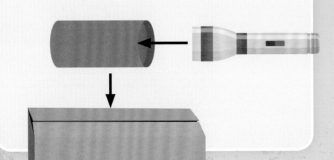

第二步

在剪贴板上固定好一张图表纸。然后将剪贴板垂直放置，放到距离箱子和手电筒30～40厘米的地方。这时候，你会看到纸上有一个明亮的光圈。用铅笔在图表纸上把这个光圈描下来。如果有必要，你可以关掉房间里的灯，这样能看得更清楚。

第（三）步

使用量角器，将剪贴板从垂直方向向后倾斜10度，再把剪贴板固定住。用铅笔把出现在纸上的新的光圈描下来。现在，你发现两个光圈之间大小和亮度的不同了吗？

第（四）步

重复第三个步骤，每次都将剪贴板向后倾斜10度，直到光圈变得很大，无法被纸张容纳为止。

第（五）步

算出每个光圈的面积，将结果绘制在另一张图表纸上。用 x 轴表示倾斜的角度，用 y 轴表示该度数上光圈的面积。看一看光圈的面积是如何随着倾斜角度的变化而改变的。

更进一步

你还可以用测光仪精确地测量出每个倾角光圈的光照强度。你也可以用地球仪代替剪贴板重复这个实验，看看球体是如何影响光线的投射和扩散的。

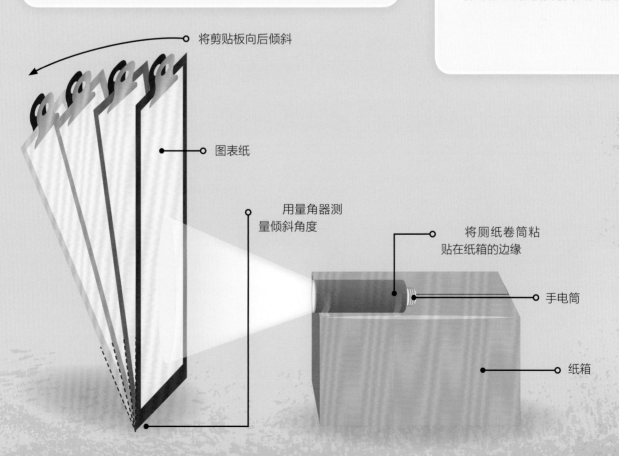

将剪贴板向后倾斜

图表纸

用量角器测量倾斜角度

将厕纸卷筒粘贴在纸箱的边缘

手电筒

纸箱

问题:

不是太热，就是太冷

房屋最基本的功能就是为我们遮风挡雨，也就是在天气寒冷的时候让我们保持暖和，而在天气酷热的时候为我们遮阴，让我们感到凉爽。但是，房屋的供暖和制冷都是需要耗费能源的。而低效的家居设计会让暖气散热器产生的温暖空气和制冷空调产生的凉爽空气流失到屋外，导致严重的能源浪费。

这张热像图上红色和白色的区域就是屋内热量正在流失的地方。绿色的区域是热量流失较少的地方

关注点:

热能

在诸如热茶这样的物质中，粒子蕴含了大量的热能。当我们把凉牛奶倒进热茶当中的时候，茶水微粒当中的一些热量就会转移到牛奶微粒当中，奶茶的整体温度就会下降。

低效的代价

在美国和英国，平均每个家庭每年在煤气和电力上的花费大概是 1 350 英镑。对于大多数家庭而言，这笔钱主要花在了取暖上。由于目前人类绝大部分的电力来自化石燃料的燃烧，所以，人们用电为房屋供暖或者制冷时，低效的家居设计会让很多的暖气或冷气流失到屋外。低下的能源利用率不仅浪费了人们的金钱，也让气候变得更加糟糕。

热量流失的地方

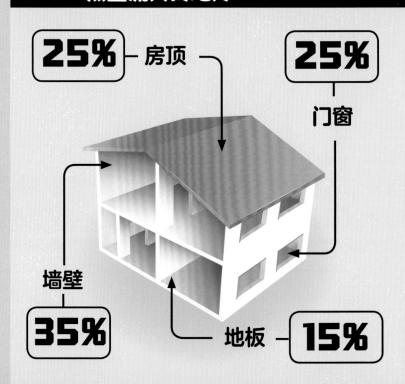

25% — 房顶

25% — 门窗

墙壁 — **35%**

地板 — **15%**

在 2014—2015 年的冬季，

9 000名

英国人因家中气温过低而死亡。

刺骨严寒

给房屋供暖和制冷的高昂成本也进一步加剧了社会不平等带来的问题。"燃料贫困"是指人们因为过度贫穷而无法给自己的住房供暖，从而维持自身健康。在英国等气候较为寒冷的国家，冬季寒冷的天气可能会致人死亡。这是由于寒冷的住所会增加人们呼吸道感染、心脏病发作和中风的风险，尤其是对于老年人而言。

致命炎热

而在气候炎热的国家，缺少空调可能也是致命的。当室外的温度超过一定限度，人体就不再能够通过排汗降温。人体处在高温环境下超过 6 小时，就有可能失去生命。对于儿童、老人和那些已经患有疾病的人而言，高温带来的风险会更大。而穷人可能根本负担不起空调的购买和使用费用，所以，热浪对于那些贫穷的人而言，可能是致命的。

在印度北部，人们搭建的破旧不堪的避难所

热能传递

热量或者说是热能，可以通过三种不同的方式进行传递，分别是热传导、对流和热辐射。充分认识这三种热能传递的原理可以帮助我们设计防止热量流失的具体方案。

热的良导体和不良导体 ⟶

像金属这一类的材料，可以很容易地传导热量。回想一下，如果你将一把金属茶匙放进一个装有滚烫液体的杯子，茶匙的手柄很快就会升温，因为液体中的热量已经迅速传导到茶匙中去了。而其他的材料，比如，木头就不会那么轻易地传递热量，这样的材料被称为"热的不良导体"。

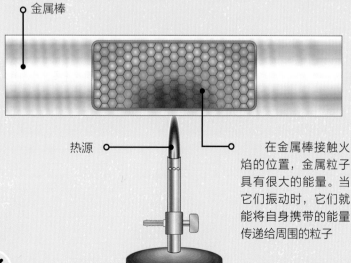

金属棒

热源

在金属棒接触火焰的位置，金属粒子具有很大的能量。当它们振动时，它们就能将自身携带的能量传递给周围的粒子

热传导

温度高的物质和材料包含的粒子拥有很大的能量，它们会以非常快的速度保持振动。然后，这些粒子与附近的粒子相撞，让它们也开始振动。这样，热能就通过热传导的方式在材料中得到传递。热能总是从温度最高的部分被传导到温度最低的部分，因此，温度低也就意味着热能低。

对流

与固体不同，液体或气体中的粒子可以四处移动。当热能较高的粒子运动时，液体或气体就会产生对流现象，高能量的粒子就会取代那些低能量的粒子的位置。

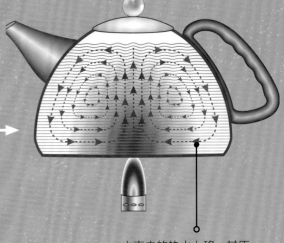

水壶内的热水上移，其原本的位置被冷水替代

密度

高温液体或气体中的粒子运动幅度更大，这让它们的活动范围比那些能量低的粒子也更大一些。在活动的过程中，粒子向周围扩散，从而降低了液体或气体的密度，在单位体积之内，液体或气体的重量就会下降。因此，热的液体或气体会上升，而冷的液体或气体会下沉。这也就是热气球的工作原理：热气球里的热空气比热气球外面的冷空气更轻，所以热气球就能腾空升起了。

热辐射

把手放在暖气散热器旁边，你就会感受到它的温暖。与热传导和对流不同，热辐射不靠粒子运动就能实现热传递。在热辐射过程中，热量会以波的形式进行传递。这也就是为什么虽然太空是真空的，其中不存在任何微粒，但太阳仍能将热量传递到地球上。所有物体都会发出和接收热辐射，而且，一个物体的温度越高，它的热辐射量也就越多。有一些材料，它们在吸收和释放热量这方面，比起其他的材料更具有优势。

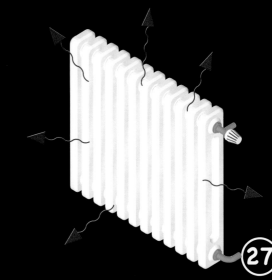

不是太热，就是太冷

解决它！
防止热量散失

低效能的建筑通过热传导、对流和热辐射三种方式丢失大量的热量，造成了严重的能源浪费。看看下列信息，你能想出防止热量散失的方法吗？

墙

我们已经了解到，在低效能的房屋当中，平均有 35% 的热量会通过墙壁散失，一堵简易的砖墙或者木墙会使热量从温暖的室内传导到寒冷的室外，造成热量散失。使用怎样的材料，才能设计出一面能减少热传导效应的墙壁呢？

窗户

房屋当中另一个会通过热传导效应使室内热量大量散失的东西是窗户。想象一下，如果你手里握着一个玻璃杯，往里面加入热水或者冰水，是不是你握在外面的手很快就能感受到杯子里液体的温度？想想看，我们怎么给窗户多安装几层玻璃，阻止室内热量散失呢？

穿堂风

房屋内的热量之所以会散失，还有一个重要的原因是对流。你可以想一下夏天家里通风时吹过的穿堂风。其实哪怕是在冬天门窗紧闭，冷空气也会从建筑的各种缝隙钻入室内。不管是门缝、地缝还是其他微小的缝隙，都是冷空气进入房间的入口。你能想出减少室内对流的方法吗？

暖气散热器

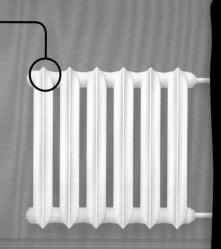

相对传导、对流而言，热辐射产生的热量散失较少。一般而言，物体的表面积越大散热越快，相同的情况下，不同的表面散热快慢也不同，粗糙的表面散热比光滑的表面快。观察家里散热器的形状，想一想为什么这样设计。

你能解决它吗？

关于房屋的建造技术，你都掌握了哪些知识？

或许在你居住的房子里，已经应用了很多能够减少热量散失的解决方案。

▶ 试着画出示意图，并在其中说明你打算建造一座什么样的节能房屋。

还是不确定？翻到第44页看看别的设计思路吧。

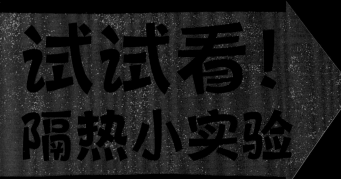

不是太热，就是太冷

试试看！隔热小实验

想要提高家庭能源利用效率，提高房屋建筑材料的隔热效能是最重要的因素之一。通过这个小实验，找出最好的隔热材料吧。

你将会用到：

- 4 个大小相同的带盖子的水壶或者罐子
- 4 个大小相同的大容器（可以是剪掉上面部分的大的塑料牛奶桶）
- 1 支温度计
- 3 种用来测试的材料，可以是稻草、羊毛和碎纸片
- 热水
- 1 个大量杯
- 铅笔和纸

第（一）步

把带盖的罐子放进大的容器当中。把 3 种测试材料紧紧地包裹在 3 个罐子的表面。记得留下一个没有包裹测试材料的罐子当作对照组。在包裹的时候，要让每个罐子表面包裹的材料厚度保持一致，这样才能进行公平的测量。

第（二）步

给 4 个罐子装满热水，用温度计测量水温并记录下来。然后，给每个罐子都盖上盖子，记得在盖子上面也包裹上和罐身一致的测试材料。

第（三）步

  10 分钟后，把罐子打开，再次测量罐子中的水温，把温度记录下来。测完水温之后要把盖子盖好。然后再分别打开剩下的罐子，进行测量和记录。

第（四）步

  半小时后，再次测量每个罐子中的水温。比比看，哪种隔热材料包裹的罐子里的水温最高？哪种隔热材料散失的热量最多？

更进一步

  研究采用不同环保材料为建筑保温的优点和缺点。英国布莱顿有一些科学家回收了废旧的牙刷、录像带等物品，并将它们作为墙壁的隔热材料建造了一座房子。你能设计出一个实验，测试不同类型的生活垃圾的隔热性能吗？

稻草

羊毛

碎纸片

没有隔热材料

问题：
不可持续用水

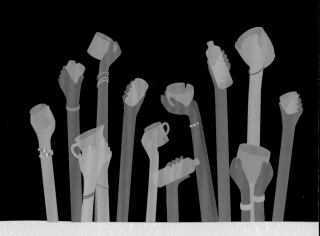

我们在家中洗碗、洗菜、洗衣服、做饭、浇花，甚至日常饮水，这些过程中消耗了大量的水。随着全世界范围内用水需求的不断增加，节约用水变得越来越重要，而家庭供水系统的改进，就是节约用水的关键之一。

家庭用水

尽管世界上大部分的淡水资源都用在了灌溉农作物上，但人类家庭用水的数量仍然相当可观。美国人平均每天会用 250 ~ 450 升水，而生活在塞内加尔城中的人每天的用水量仅有 80 升。随着世界人口不断增多，我们对水的需求量也在不断增长。

水源危机

人类社会的淡水供应主要来自河流、湖泊以及地下水。但是，不断增长的用水需求以及气候变化带来的降水模式改变，共同导致了大量水源的枯竭。而重要的湿地栖息地干涸，沙漠区域不断扩大，也给野生动物的生存带来了严重的负面影响。

地球上有
27 亿
人，在一年的生活中，
至少有一个月是缺水的。

关注点：
用水机会不平等

世界各地获得安全饮用水的机会并不平等。现如今，地球上还有10%的人每天都需要从脏水源中取水。在撒哈拉沙漠以南的非洲，约有1354万妇女和336万儿童每天都至少要走半小时才能找到水源。打完水之后，他们还得原路返回。

使用软管浇水，每小时会消耗 550 ~ 1000 升水。

用水浪费

虽然水是一种可再生资源，但是在很多地方，人们抽水的速度超过了地球自然水循环（详见第 34 ~ 35 页）的速度。在家里，我们常常习惯性地把淡水当作取之不尽用之不竭的资源，所以很少回收利用使用过的水（比如用洗澡水冲厕所）。这也导致即使是在气候干旱的地区，人们还是会用大量的淡水浇灌他们的花园和草坪。

水循环

地球会通过水循环对水进行净化，通过这个过程，新鲜的淡水会不断涌入河流、湖泊或渗入地下。然而，在一段固定的时间之内，地球上只有很少的一部分水能够被当作淡水使用。

水的运动

水从海洋和陆地蒸发到大气中。水蒸气在天空中凝结成云朵，然后以降雨或降雪的形式重新回到地表。在陆地上，雨水汇聚，流入河流与湖泊，或者渗入地下。通过地下径流或地表径流，又重新汇入海洋，再次进入循环的旅程。

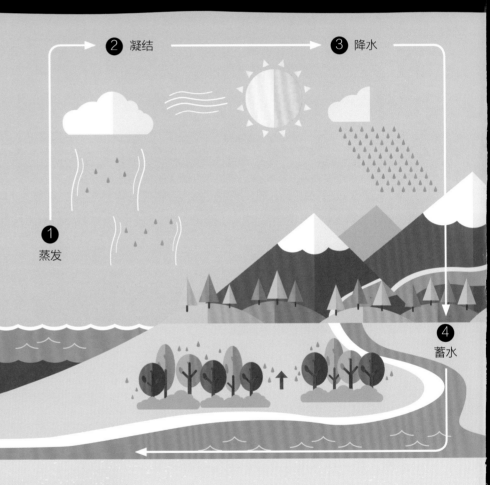

② 凝结

③ 降水

① 蒸发

④ 蓄水

降雨和气候变化

热空气相比冷空气而言，能容纳更多的水蒸气。当水蒸气在空气中达到饱和时，气体就会转化成液体，形成降水。随着全球变暖不断加剧（详见第 7 页），一些地区的降水和风暴次数会增加。这是因为空气的温度升高之后，能够承载的水蒸气也变多了。可是，在其他地区，气候变化却意味着降雨的减少。这是因为在原本干旱的地区，空气更温暖了，水蒸气要想达到饱和状态就更困难了，这就进一步加剧了这些地区的干旱程度。

地球上只有2.5%的水是淡水，并且在这之中，绝大部分是以冰的形式被储存在两极的冰川和冰盖当中。

蓄水区

水流聚集的地方，如湖泊或地下湖，也被称为"蓄水区"。我们会用挖井开采地下水等方式从蓄水区获取淡水。但是，假如没有足够的雨水或雪水补充蓄水区中的淡水，蓄水区的水就会渐渐枯竭。

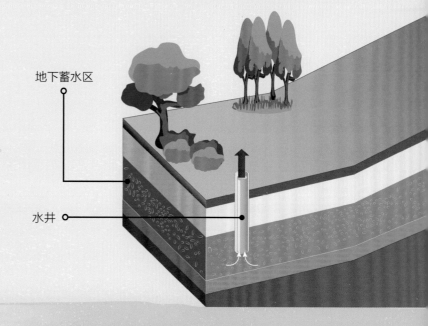

地下蓄水区

水井

水资源枯竭

在美国加利福尼亚以及印度的一些地区，地下水枯竭已经成为令人担忧的问题。在过去，因为农业灌溉和家庭使用的需要，大量的地下水被开采并使用。在印度北部地区，地下水位已经从地下 8 米下降到了地下 16 米。如果我们现在不对地下水的开采进行管理，不减少开采量，终有一天，地下水会被人类消耗殆尽。

美国加利福尼亚的一片完全干涸的湿地

解决它!
减少水的消耗

如果我们把在家庭和在花园里用水的方式稍加改变，也许就能节约更多的水，在保护了水资源的同时，也减少了人类用水对自然环境的影响。看看下面的事实，你能找出三种在家庭中节约用水的方法吗？

事实一

所有通过管道运输到我们家中的水都非常干净，可以安全饮用。但是，除了饮用，其他用途的家庭用水不需要特别干净。

事实二

从淋浴室、浴缸、洗衣机中排出的水经过过滤之后，可以变得非常干净（不能直接饮用），被称为"中水"。

事实三

人们每天平均会用 25 升 ~ 75 升的水冲厕所。

事实四

市面上有对植物和环境无害的洗衣粉和肥皂。

事实五

除了自来水，我们还能利用雨水！

 # 你能解决它吗？

想想平时我们在家里和花园里用水的场景都是怎样的。哪些时候我们需要优质的饮用水，而哪些时候可以不用？

再想想，我们日常生活中的哪些活动产生了大量并不是很脏的废水？

▶ 根据以上信息，你能想出三种节约用水的方法吗？

▶ 画一张海报，把你的想法展示出来吧！

还需要帮助？翻到第 45 页看看别的想法吧。

不可持续用水

试试看！制作简易过滤器

如果我们想从厨房废水中过滤化学洗涤剂和油脂，可能需要一套复杂的过滤和污水处理系统。但是，通过下面这个小实验，你也可以创造出一个简易的过滤器过滤水中的大块杂质（但这样的水仍然不能饮用）。

你将会用到：

- 1个大塑料瓶
- 1把剪刀
- 一些碎石子（可以从园艺店购买）
- 一些活性炭（可以从化学用品店购买）
- 一些细沙（可以从园艺店购买）

- 一些棉花
- 1盆脏水
- 2个玻璃杯或者玻璃罐子
- 1根擀面杖

第一步

从中间把大塑料瓶切成两段，把上半部分倒着插进下半部分。

第二步

把棉花塞进倒插进瓶身的瓶口里，防止脏水中的杂质穿过瓶口。

第三步

用擀面杖把活性炭碾碎，然后把活性炭粉末铺在棉花上，厚度大约是2厘米。

第（四）步

在活性炭上铺 3 厘米厚的细沙，再在细沙上铺 3 厘米厚的碎石子。

第（五）步

把准备好的脏水倒进过滤器。为了更好地观察过滤效果，也可以在脏水里放入一些泥土，让水变得更加污浊。

第（六）步

看看经过瓶颈汇聚到瓶底的水干不干净。把其中的一半倒进玻璃杯里，另一半倒进过滤装置再过滤一遍。经过再次过滤，水是不是变得更干净了？

更进一步

有一些环境友好型的房屋会利用芦苇等植物过滤中水中的杂质。何不从网上查找一些资料，重新设计一个含有植物的生态过滤系统呢？

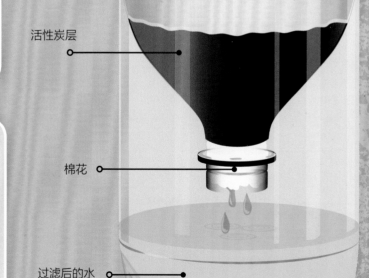

碎石层

细沙层

活性炭层

棉花

过滤后的水

未来的房屋

现在，我们居住的房屋中已经有了比以往更多、更先进的高科技家电，而且几个世纪以来，我们看到建筑物的风格也一直在发生着改变。未来的房屋会是什么样的呢？接下来我们就一起来看看未来房屋更多的发展可能。

🍄 蘑菇屋

想象一座不需要建造，自己会生长的建筑！科学家和建筑师正在试验一种菌丝体，这是真菌生长时埋藏在地下的部分。当菌丝在纸板或者稻草等有机材料中生长时，它会将周围的物质紧密地黏合在一起，就像胶水一样。它还可以生长成任何形状，在烘干之后，就可以当作一种天然的建筑材料使用了。

菌丝体呈线状生长 ●————————

制造能源

目前，我们居住的房屋每天都会消耗大量的能源，但是未来，我们的每一栋建筑物都有可能成为一座小型发电站，不仅能供应我们自己用电，还能将多余的电力输送进电网，供给其他需要的地方。现在，尖端的太阳能电池板技术已经可以允许我们制造出透明的太阳能电池板，在不久的将来，我们就可以用它们替代窗户上的玻璃了。动力建筑现在已经问世了，随着可再生技术成本的下降，这样的建筑会变得越来越普遍。

风力涡轮机

太阳能玻璃 ●————

小型住宅

房子越大，使用的建筑材料，以及为其供电所用的能源也就越多。同时，随着世界人口不断增长，地球的空间也变得越来越宝贵。小型住宅应运而生。这些小房子的面积不到 46 平方米，巧妙的室内设计使屋内的每一块空间都能得到有效利用，比如，给每一面墙壁都安装上架子，或者用帘子代替墙壁。

美国的一栋小型住宅 ●───

同住房屋

想要让我们的住房变得更加环保，也许我们还可以重新思考"家庭"的概念。同住成为一个流行的趋势。参与同住的家庭和个人会居住在私人的房屋之内，但共享一些空间和设施，比如空闲的客房、花园、餐厅、厨房等等。共享这些空间使房屋的设施得到了更加高效的利用。

美国家庭的
平均房屋面积为
254
平方米。

英国家庭的
平均房屋面积为
104
平方米。

解决它！ ▶ **设计生态房屋 第 12～13 页**

有很多因素可以让建造建筑变得更加可持续，材料的选择只是其中之一。根据我们掌握的这四个地点的信息，这些材料可能是最为可持续的。

地点一

北欧有大量的人工林，所以，从建筑地到木材取用地的距离不会太远。同时，木材也可以用来建造相对较高的建筑。所以，使用木材建造占用小面积土地的公寓楼就能满足 12 个家庭的居住需求。

地点二

对于一个耕地相当充足，空间并不紧张的地区而言，稻草垛可能是一种非常适合的建筑材料。而且，农场周围也会有很多可供利用的秸秆和稻草。

地点三

在沙漠里，用植物作为可持续建筑材料是不太可能的。但是使用泥土，不管是做成泥砖还是直接夯泥建造建筑，都是环保的选择。

地点四

生态酒店可以按照奇特的建筑风格建造，比如，建造一座完全由回收材料搭建的房屋。瓶子和其他的废旧物品可以从城市回收，最后将它们组合成一座独特而又环保的建筑。

通过对遮阳板进行巧妙设计，我们能在炎热的夏天阻止炙热的阳光进入室内，而在寒冷的冬天让温暖的阳光透过窗户照进房间。

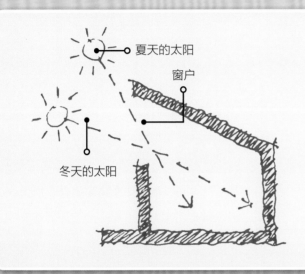

想象一面墙上有一扇位置很高的窗户。夏天，太阳从高处照射；而冬天，太阳在较低的位置照射。

就像是百叶窗那样，建筑物外部的水平遮阳板在夏天可以阻挡炙热的阳光进入室内，同时不影响室内人们的光线。而到了冬天，太阳升起的位置较低，阳光可以不受水平遮阳板的阻挡，直接照进房间，带来温暖和光明。

这些遮阳板或者百叶窗也能进行智能化设计，让它们跟随太阳的移动轨迹而自动调节开合的角度，使室内的光照强度保持在适中、稳定的水平。

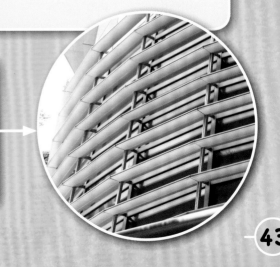

解决它！ ▸ **防止热量散失 第 28~29 页**

一座设计巧妙、隔热良好的住宅能够以令人难以置信的效率保存热量。以下是一些防止建筑物热量散失的有效方法。

墙壁

空心墙保温技术采用砖块等建筑材料建造两层墙壁，并在两层墙壁中间留出缝隙，然后将羊毛或者其他纤维材料填充在里面。这些纤维材料能把空气保留在缝隙当中，而空气本身是一种非常有用的隔热材料。用纤维材料填充缝隙是为了防止空气自由流动和循环，从而更好地保存热量。

窗户

与墙壁不同，人们得透过窗户观察外面的环境，所以，窗户中间不能添加其他的隔热材料。用两到三层玻璃做成窗户，然后在玻璃之间的缝隙充上空气或惰性气体（如氩气），并将其密封起来，就可以让窗户也具有良好的保温性能了。

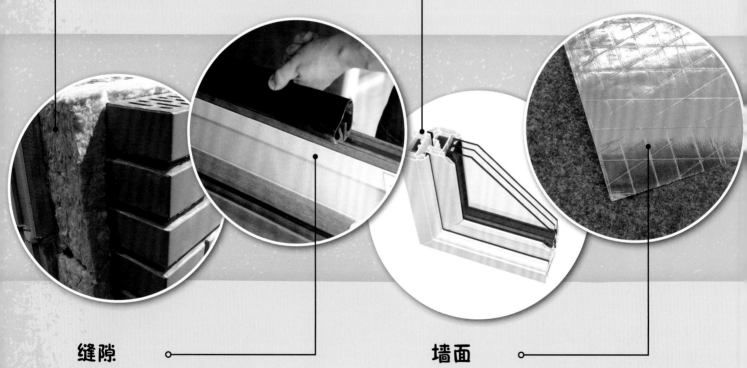

缝隙

把门缝或者墙壁上的裂缝密封起来可以减少室内外空气流通形成的穿堂风。其他不能够密封的缝隙，诸如门缝或窗缝，可以通过在缝隙上加上橡胶密封条来进行隔热保温。

墙面

可以把反光的铝箔铺设在暖气散热器背后以及墙面和天花板表面。这样可以将热辐射反射回室内，而不会让其透过墙壁散失。

如果我们对雨水和家庭用水进行回收再利用，就能极大地减少对自来水的需求。中水回收系统就是这样运作的：

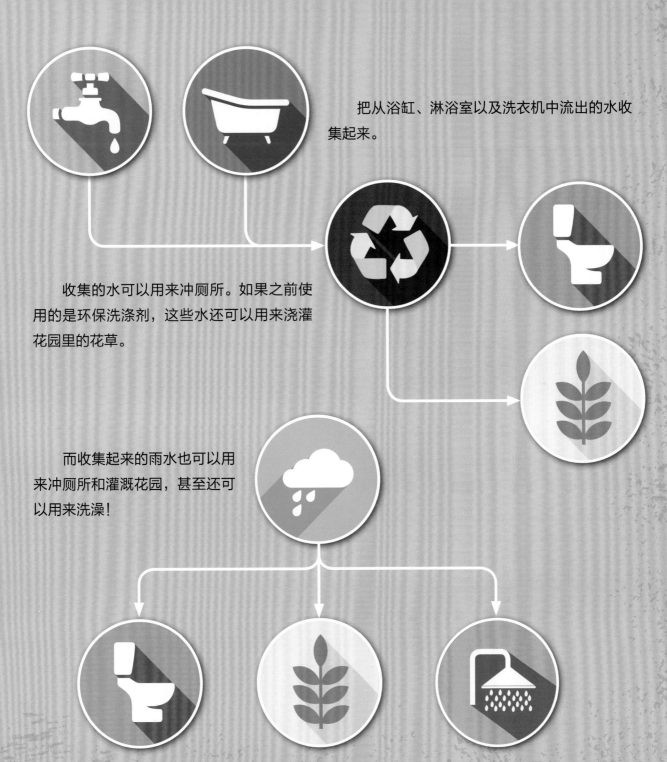

把从浴缸、淋浴室以及洗衣机中流出的水收集起来。

收集的水可以用来冲厕所。如果之前使用的是环保洗涤剂，这些水还可以用来浇灌花园里的花草。

而收集起来的雨水也可以用来冲厕所和灌溉花园，甚至还可以用来洗澡！

在家就能采取行动

也许，你并不打算在短期内设计建造一座属于自己的生态住宅。但是，短时间之内不能把你那些伟大的想法付诸实践，并不代表着你不能在家里有所作为！

和"吸血鬼"决战到底

即使是在关闭后进入了待机模式，但仍然还是在耗电的电器被称为"吸血鬼"电器。这些"吸血鬼"电器常常在人们毫无察觉的情况下就消耗了家庭总用电量的 10%。最大的"吸血鬼"电器包括电脑、电视和音响系统。所以，不要让它们处在待机状态——在使用完毕之后直接把电源拔掉，这样才能最大程度地节省电能。

节约用水

你会在等电热水器放出热水前放掉大量的凉水吗？在淋浴室放一个水桶，把这些凉水接到桶里用来做别的事情，比如，给植物浇水。在刷牙或者洗手涂抹肥皂的时候记得关掉水龙头。在淋浴的时候一定要快。你可以使用定时器保证自己以最快的速度完成洗浴！

成为一名节能侦探

仔细观察你们家的每一个角落，你还能想出一些节约电能、热能和水的方法吗？

保护环境，
从我做起。

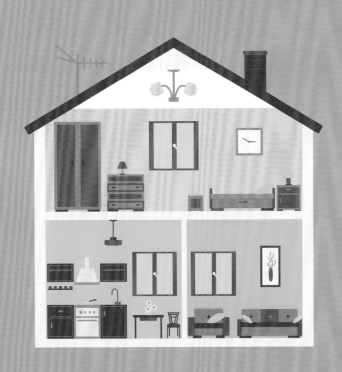